JN318045

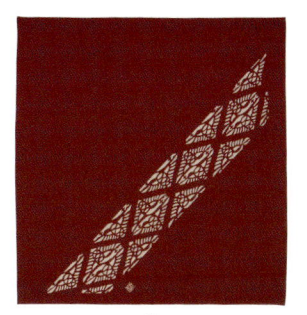

FUROSHIKI

風呂敷

監修
ふろしき研究会
文
森田知都子

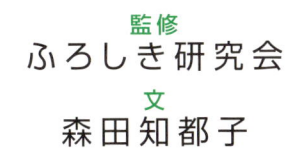

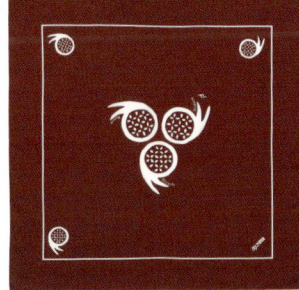

はじめに

　子どもたちは、「風呂敷」と聞いたとき、どんなことを想像するのでしょう。「風呂敷」を目にしたとき、どんなことを感じるのでしょう。「風呂敷って？　そんなの知らないよ」と、とまどい、迷い、どうあつかっていいのかまごつくばかり……。そんな光景を思いうかべてしまいます。

　いま、風呂敷はくらしから消えようとしていて、子どもたちは、風呂敷を手にしたこともない、まして使ったことなどないのではないでしょうか。そんな子どもたちですが、はたして風呂敷を嫌いでしょうか？　使いたくないのでしょうか？　いいえ、そうではありません。子どもたちは、風呂敷が大好き。風呂敷にふれ、風呂敷でなにかを包むと、ほほえみをうかべます。ときには、歓声をあげてよろこびます。

　なぜでしょうか？　どうして子どもたちを引きつけるのでしょうか。それは、風呂敷という布にはふしぎな力が秘められているから。むかしむかしから使われてきた、一枚の布には、いっぱいふしぎがつまっているからなのだと思います。一枚の布で包み、結ぶという行為が、人に創造力を授けてくれるからなのだと思います。

　風呂敷に出会う機会があれば、子どもたちと風呂敷はなかよしになれる、ともだちになれる……。ずっと、そう信じてきました。子どもたちと風呂敷。この本がいい出会いになればと願います。

目次

- はじめに ……………………………… 2
- 風呂敷は働き者 1 ……………………… 4
  - 運ぶ・しまう・贈る・掛ける・敷く
- 風呂敷は働き者 2 ……………………… 6
  - 帽子・ウエストポーチ・
  - ギフトラッピング・インテリア
- 日本の風土と風呂敷 1 ………………… 8
- 日本の風土と風呂敷 2 ………………… 10
- 世界の風呂敷 …………………………… 12
- おもしろ風呂敷 ………………………… 14

- 身につけてみよう
  - ◇帽子 ………………………………… 16
  - ◇ウエストポーチ …………………… 17
- 包んでみよう
  - ◇お弁当 ……………………………… 18
  - ◇本 …………………………………… 19
  - ◇インスタントバッグ ……………… 20
  - ◇風呂敷トート ……………………… 21
  - ◇すいか ……………………………… 22
  - ◇びん ………………………………… 23
- 風呂敷で遊ぼう ………………………… 24
- 風呂敷の素材 …………………………… 26
- 風呂敷の寸法 …………………………… 27
- 風呂敷の歴史 …………………………… 28
- あとがき ………………………………… 32

風呂敷は働き者 ①
運ぶ・しまう・贈る・掛ける・敷く

一枚の四角い布である風呂敷は、幅広い用途に対応し、人のくらしを支えてきました。昔の人が知恵をめぐらせ、創意を奮って使いこなしてきた風呂敷は、現代のくらしの場面でも活躍します。

背負う
商人は品物。旅人は必需品を。風呂敷は運搬道具として活躍してきました。重い荷物も大きな荷物も背負って運べます。

腰に巻きつける
時に、風呂敷はウエストバッグにもなります。お弁当などを包んで腰に結べば、両手をあけてラクラク歩けます。

買い物袋として
持ちやすく、入れやすい袋物として働いてくれます。レジ袋がわりに使えば、環境に負担を与えません。

運ぶ／長い筒
例えば、図面などを入れた筒。長いものは、風呂敷に包んで運びましょう。

運ぶ／大きなパネル
絵画作品など、1メートルを超えるパネルや額も風呂敷に包み、持ち手を作って運びましょう。

贈る
感謝の気持ちを伝えるとき、ごあいさつにお伺いするとき、贈る品物を風呂敷に包んで相手の方の元へ持参します。

贈る・運ぶ／びんを包んで
われるのが心配なびんも、風呂敷に包めばガラスを保護し、持ちやすくなります。

収納／ざぶとん
季節のざぶとんや衣類などの収納に。手軽に整理ができて便利です。

掛ける
電化製品などの機器類を使用しないときはサッと掛けてほこりよけに。見られたくないもののカバーとしても。

敷く
お部屋に敷くと、コーナーがひとつできます。

風呂敷は働き者 ②
帽子・ウエストポーチ・ギフトラッピング・インテリア

色も模様もいろいろ。サイズも素材もいろいろ。風呂敷の表情はとても豊かです。好みの一枚を選んで、くらしの中に活用してみましょう。

帽子
小さな一枚の風呂敷が手軽な帽子に。日差しが強い日、急に雨が降ってきたとき、身体を守ってくれます。

ギフトラッピング／うさぎ包み
りんごを包み、耳をピンと立たせてみれば、うさぎみたいな表情に。このままプレゼントしましょう。りんごの他、柿、みかんでもできます。（考案：浜口美穂、愛子）

ウエストポーチ
二つのベルト通しを活用すれば、風呂敷がウエストポーチに。ポケットがわりに働きます。

**ギフトラッピング／
大輪の花包み**
風呂敷で花を咲かせてみました。本やお菓子などを包んで贈り物にすれば、相手の方に心が届くことでしょう。

ギフトラッピング／ワイン
おめでとうやありがとうの気持ちをこめて贈るワイン。風呂敷なら華やかさを表現してくれます。

**インテリア／
ティッシュケース**
風呂敷で包めば、ティッシュを置いたお部屋の一角が和やかな雰囲気に。

**ギフトラッピング／
クッキーの缶**
丸い箱や缶は、曲線にそって形のままに包めば、やさしい表情になります。

インテリア／かご
古くなったかごや箱が、一枚の風呂敷で変身。包んで結んで持ち手もつけました。

**インテリア／
クッションカバー**
色あせたクッションを風呂敷で包んでみれば…。図柄も鮮やかにお部屋を彩ってくれます。

日本の風土と風呂敷 1

長い間、日本人のくらしになくてはならない用具であった風呂敷。日本各地で、その土地ならではの特徴を息づかせた風呂敷が作られてきました。

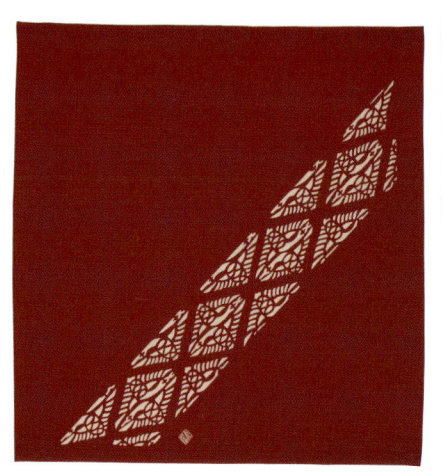

南部藩鶴紋の風呂敷
日本列島北、南部藩の「鶴紋」である「向鶴」を文様化し、のし目取りの構図で、古代型染で染めた。小野染彩所

沖縄うちくい
うちくいは沖縄の風呂敷。これは嫁入りのかぶり物として使われ、二面に8つ、残りの二面に9つのかすり模様があり、重ねるとぴったり合う。石垣昭子作

出雲嫁入り風呂敷
江戸時代より島根県出雲地方では、嫁入り支度に筒描き藍染めで、めでたい模様がえがかれた、大中小の風呂敷がととのえられた。豊田満夫蔵

加賀友禅
江戸時代前田藩の下で普及し、独特の技法を持つ加賀友禅。斜め取りの構図で染められている。豊田満夫蔵

丹後ちりめん
糸によりをかけ、シボという凹凸を出した絹織物、ちりめんの風呂敷。あらたまった贈り物のときに用いられる高級品。
山藤織物工場

名古屋友禅
白をたくみに使い、色数もおさえた染めが特徴。中央に家紋、周囲に花を配した丸取りの構図。市石忠昭作

博多しぼり
薄手の絹に、伝統を持つ博多ならではの細やかなしぼりがほどこされている。袱紗として、贈答に使われたと思われる。
豊田満夫蔵

三河木綿
近年衰退していた三河木綿の復興に尽力された高木さんが自ら手織りされた。藍の無地と縞がほどよく配分されている。高木宏子作

丹波木綿
地元の綿を紡ぎ、農家の普段着や仕事着として愛用された丹波木綿を三幅縫いつないでいる。
福知山市丹波生活衣館蔵

日本の風土と風呂敷 2

織る技、染める技…。さまざまな技法が駆使された風呂敷。一枚一枚にはそれぞれの風土性がうつしこまれています。その土地の歴史やくらしがつづられています。

伊勢木綿
江戸時代、三大産地として栄え大量に出荷していた伊勢の縞木綿。現在一軒だけ残る機屋が、明治の織機を使い織りあげたもの。臼井織布

（部分）

京友禅
江戸時代中期に起こった友禅染めの伝統を受け継ぎ、独特の技法を駆使した風呂敷。模様はよろこびを表すのし目。

宮井

吉野格子
「吉野間道」ともよばれる。江戸時代の豪商が吉野太夫に贈ったのが名前の由来とされる。

上羽機業

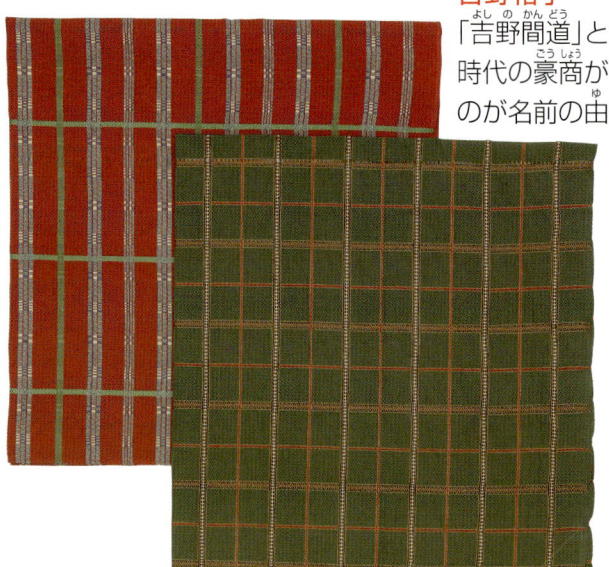

越後亀田縞
素朴な糸で織った棒縞木綿。農作業にはげむ人びとが愛用。途絶えていたが2005年地元の市民により復元。

亀田縞復古会

（部分）

鳴海有松しぼり染め
1610年代、伝えられたしぼりの技法に工夫を加え、「括り染」を考案し、一大産地形成の祖となった竹田家に伝わる風呂敷。藍染めでなく朱色がめずらしい。竹田耕三蔵

京の印染め
明治時代、庶民も家紋を持ち、礼服や風呂敷に染めるようになった。京都では現代も、家紋入りの風呂敷が染められている。京都掛札

駿河藍染
静岡で活躍する染色家秋山さんが、先代からの伝統を受け継ぎ、筒描きの技法で染めた作品。秋山淳介作

更紗
室町末期以降、インドやジャワからもたらされた更紗は、明治時代以降、風呂敷としても出回った。豊田満夫蔵

甲州八端
昭和初期から中期にかけて人気を博した絹織物の風呂敷。柄は縞や格子で、嫁入りや贈答の包みとされた。現代は衰退している。豊田満夫蔵

名物裂
鎌倉時代以降渡来した中国の元・明時代の布。茶道具の包み布として珍重されてきた。これは「荒磯」という文様。豊田満夫蔵

11

世界の風呂敷

くらしの布を風呂敷ととらえてみると、世界のいろいろな国や地域で、それぞれの風土、民族性がつめこまれた風呂敷が活躍しています。

韓国／チョガッポ
包む、掛けると、韓国で多様に使われている。これはハギレを細かく細かく縫いつないで完成させたもの。李相祚蔵

イラン／ボフジェ
西アジア・中央アジアには、食事時に広げる食卓がわりの布、家具をおおう布のほか、日本の風呂敷のように包む布もある。豊田満夫蔵

ペルー／インクーニャ
南アメリカアンデス地帯は、包む文化が発達してきた。これは、この地方にすむビクーニャという動物の毛で織られ、四隅の房をからめて包む。
国立民族学博物館蔵

東アフリカ／カンガ
身にまとう、物を運ぶ、赤ちゃんを背負う、掛ける、敷く…。東アフリカでカンガは大活躍。中央下にはカンガセイリング（ことわざのようなもの）が染められている。織本知英子蔵

フィリピン／ボゴダ

東アジアでは、包み布がくらしに広く使われてきた。これはボゴダと呼ばれる木綿の包み布。しぼりの技法を駆使し、左右対称の模様が染められている。豊田満夫蔵

ドイツ

ドイツの大工職人が修行に出るときに使う、大工道具の会社名をプリントした風呂敷。国立民族学博物館蔵

インドネシア

包む、運ぶ、掛ける…。染織の宝庫インドネシアでは技法も布の種類も豊富に、風呂敷が使われてきた。染め布の一部の糸を抜きとって、色彩豊かな絹糸でかがっている、儀礼用の掛け袱紗。国立民族学博物館蔵

韓国／ポジャギ

日本同様に包む文化が浸透していた韓国では、女性たちがハギレを持ちよって作ったという。李相祚蔵

ボリビア

農作物の運搬、子どもを背負うなどに用いられる、包み布が発達している地域の風呂敷。一枚の布を上下に切り、中央でつないで方形とした。左右対称になっている。国立民族学博物館蔵

グァテマラ／スーテ

運搬、腰布、肩掛け、敷物…。中央アメリカでは、包み布が多様に使われている。中でもスーテは代表格。馬に乗る人物が織りこまれている。

国立民族学博物館蔵

13

おもしろ風呂敷

いろんな風呂敷の仲間たちを紹介します。それぞれ個性ゆたかな風呂敷が社会の中で、くらしの中で活躍しています。手にとってみたくなりますね。

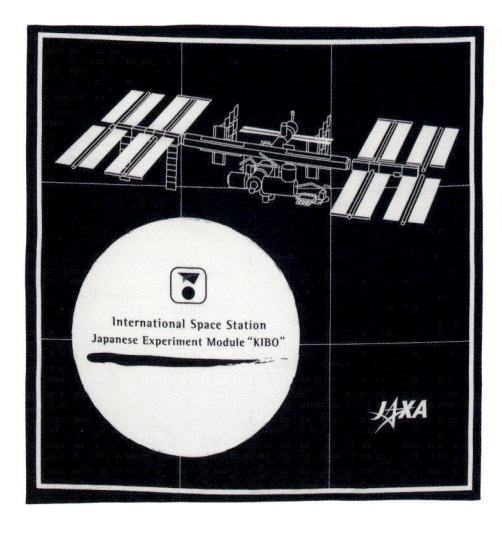

宇宙に羽ばたいた風呂敷
日本が開発した実験施設「きぼう」の全体像と、メッセージやロゴマークを染めた風呂敷。

90cm幅・綿100%・独立行政法人宇宙航空研究開発機構(JAXA)制作／2006年

水も包める風呂敷
布には撥水加工が施されています。雨の日には水の侵入を防ぎ、災害時は水を運ぶなどして、役立ちます。

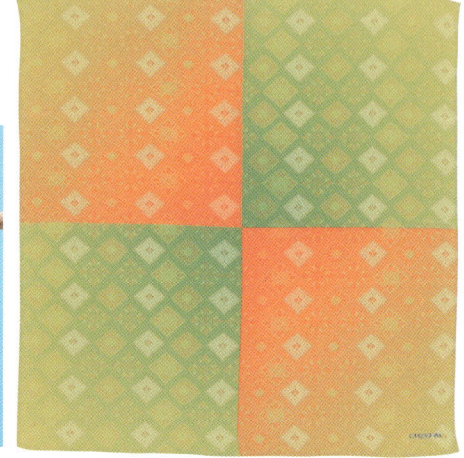

105cm幅・ポリエステル100%・朝倉染布／2006年

憲法前文を染めた風呂敷
憲法制定の1947年生まれの軽石昇さん（山形県）が、恒久的な平和や人権を掲げる憲法前文を生きる上での基本ととらえ、風呂敷に染めました。

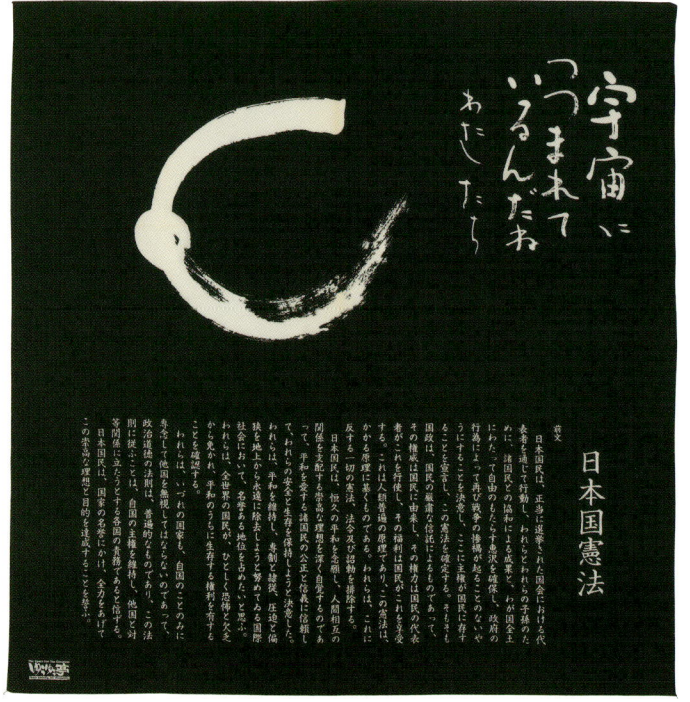

90cm幅・綿100%・軽石昇制作／1988年

75cm幅・綿100%・ふろしき研究会制作／2007年

3R風呂敷
循環型社会形成の基本となるReduce（発生抑制）、Reuse（再使用）、Recycle（資源活用）を掲げる風呂敷。図柄はハイムーン氏。

絶滅危惧動物を染めた風呂敷
絶滅の危機に瀕している動物たち43種類が染められ、地球環境保護へのメッセージがこめられた風呂敷。

68cm幅・再生ポリエステル・宮井／2006年

105cm幅・綿100％・美濃部／2006年

点字風呂敷
凹凸加工による点字で、童謡「むすんでひらいて」の歌詞と楽譜を表しています。建築家・隈研吾氏とメーカーが共同開発。売り上げの一部が視覚障害者の団体に寄付されます。

地雷撲滅に寄与する風呂敷
対人地雷キャンペーンのキャラクター、サニーちゃんの風呂敷。売り上げの一部が人道支援活動に活用されます。

68cm幅・レーヨン100％・丸和商業／2003年

包む楽しさのある風呂敷
並んでいる魚が、2本のびんを包むとびんに添って立ち上がります。包むことを意識して風呂敷をデザインしている染色作家・浅山美里さんの作品。

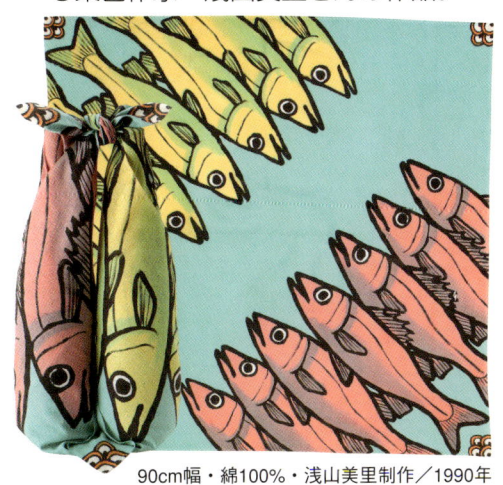

90cm幅・綿100％・浅山美里制作／1990年

45cm幅・レーヨン100％ちりめん・矢野商店／1999年

阪神タイガースグッズ風呂敷
人気プロ野球球団阪神タイガースのグッズ。黄色と黒の縞柄とトレードマークの虎が鮮やかです。

大臣の風呂敷
小池百合子元環境大臣が、「もったいないという日本の心を大切に環境保全活動を」とのメッセージを託して企画した風呂敷。江戸時代の浮世絵作家・伊藤若冲の作品の一部が染められています。

76.5cm幅・再生ポリエステル・環境省／2006年

身につけてみよう
1 帽子

風呂敷は四角い平面の布。結ぶことで形が生まれ、役立つものが完成します。結びの基本となるのは「ひとつ結び」。角をひとつ結びしてみれば、たちまち帽子のできあがりです。このひとつ結びの呼び名はいろいろあり、「止め結び」「だんご結び」とも言われています。

用いた風呂敷
50cm幅・綿100%
（45cm幅・化合繊などでもできます）

① 風呂敷の一つの角の先を右手で持ちます（左利きの人は左手で）。左手の指先ですぐ下を持ち、約10cm下まですべらせます。

② 右手で持った先端を上から下へ回し、大きめの輪を作ります。

③ 先端を右手で持ち、輪の中に通します。

④ 右手を上に、左手を下に引っぱり、結びを引きしめます。「ひとつ結び」ができました。

⑤ 残った三つの角も、①～④と同じようにひとつ結びをします。

⑥ 結び目の内側に両手を入れ、自分の頭の大きさに合わせて外側へと広げれば、完成です。

②ウエストポーチ

小さな一枚の風呂敷が、大きなポケットに。財布や携帯電話、水筒などが入れられ、覚えておくと、なにかと便利です。ジーンズやスラックス、スカートのベルト通しを活かした、このポーチ、2か所を結ぶだけで作り方は簡単。浜口愛子さんが、小学校5年生のときに考案しました。

用いた風呂敷
50cm幅・綿100%

① 風呂敷の表を衣服の側にし、左手で上の角を持ちます。

② 左角をジーンズなどのベルト通しに通し、右角も同じようにベルト通しに通し、左右へ広げます。

③ 左下の角を持ち、ベルト通しに通した左の角を持って「真結び」(18ページを見て下さい)します。

④ 右下の角を持ち、ベルト通しに通した右の角を持って真結びをしたら、完成です。

⑤ ペットボトルもらくらく入ります。

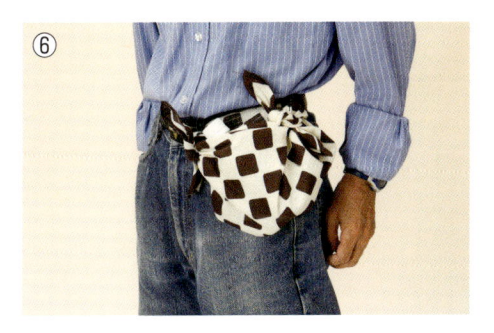

⑥ ノートや本を入れて、持ち運べます。

包んでみよう

1 お弁当

「真結び」は、結びの基本。お弁当箱を包んで、「真結び」を覚えましょう。結び上がりがたてに向く、「たて結び」にならないように気をつけましょう。結び上がったとき、結び目が横に水平になる「真結び」なら、しっかり持ち運べます。この包みは「お使い包み」と呼ばれています。

用いた風呂敷
50cm幅・綿100%

① 風呂敷の表を下に、裏を上にして、ひし形に広げます。

② 下の角を持ち、お弁当箱をくるみこみます。

③ 上の角を持ち、お弁当箱にかけます。

④ 左を右の上から下に通します。

⑤ 通した左は下方向に、重ねた右は上方向に引っぱります。

⑥ 下を右手で持ち、輪を作ります。上を左手で持ちます。

⑦ ⑥の輪をかぶせるようにして、上の先を下から輪の中に通します。

⑧ 先を左右に引っぱり、結んだら完成です。

2 本

日本が貧しかったひと昔前、こんなふうに風呂敷に教科書を包んで、通学していた子どもたちがいたそうです。ランドセルがわりに風呂敷が活躍していたのですね。豊かになった現代ですが、ひと昔前に生きた人の創意を受け継いでいきたいと思います。

用いた風呂敷
75cm幅・綿100％

① 風呂敷の表を下に、裏を上にして、ひし形に広げ、2冊の本をまん中におきます。

② まん中においた本を左右に振り分け、風呂敷の左右の先でくるみます。

③ くるんだ本をまん中によせます。

④ 下の角を上方向に持ってきます。上の角を下に持ってきます。

⑤ 上と下それぞれの先を持ち、本を内側にあわせます。

⑥ 本を立たせたら、先で真結びをし、持ち手を作って完成です。

包んでみよう
③ インスタントバッグ

風呂敷は、手軽な袋として働いてくれます。布でできた風呂敷は、いろいろな物をひとまとめにして入れ、持ち運ぶ買いものに、役立ちます。まずは簡単に結べる、インスタントバッグを作りましょう。出し入れがしやすく、量も入ります。

用いた風呂敷
75cm幅・綿100%
50〜120cm幅まで、いろいろなサイズで包めます。

① 風呂敷は表を下に、裏を上にして、ひし形に広げます。

② 風呂敷の左右を持ち、大きめに真結びします。左右の先端を持ち引っぱります。本体の左右も引っぱり、結びをかたくしておきます。

③ 左下の角を持ちます。

④ 大きな輪を作り、布先が10cmくらいになるよう、ひとつ結びします。

⑤ 右下の角を持ち、④と同じようにひとつ結びをしたら完成です。

⑥ 真結びを持ち手に持ってみましょう。左右の布先は内側に入れてもかまいません。

4 風呂敷トート

食料品などの買いものや、いっぱいの物を持ち運ぶときに便利なトートバッグ。風呂敷で容量たっぷりなトートバッグを作りましょう。風呂敷には底にもマチにも制限がありません。いろいろな大きさ、形をしたものが入ります。

用いた風呂敷
105cm幅・綿100%
50〜120cm幅まで、いろいろなサイズで包めます。

① 風呂敷の一つの角を持ち、裏地がでないように、25cmくらいのところで束ねます。

② 大きな輪を作って、ひとつ結びします。ひとつ結びの布先は20cmくらいになります。

③ 他の三つの角も①、②と同じようにひとつ結びします。

④ 二つの角の先を持ちます。

⑤ 布先で真結びします。下の部分を引っぱり、結びをかたくして持ち手を作ります。

⑥ 残った二つの先も真結びします。下の部分を引っぱり、結びをかたくして持ち手を二つ作ったら、完成です。

包んでみよう

⑤ すいか

すいかは丸くボールのような形をしています。表面もツルツルとしています。しかも重いですね。この包みには、すいかをらくらく持ち運ぶ知恵が詰まっています。実際に持ってみると、持ちやすさ、運びやすさを感じることでしょう。

用いた風呂敷
90cm幅・綿100%　すいか
50cm幅では、みかんやりんごなどが包めます。
すいかやボールの大きさをみて105cm幅の風呂敷も使いましょう。

① 風呂敷は表を下に、裏を上にして四角形に広げます。

② 手前の左右を持ち、先端で真結びします。

③ 真結びの下の部分は空けておきます

④ 反対側の左右を持ち、同じように真結びします。

⑤ 二つの結びの間に、すいかを入れます。

⑥ 二つの結びを持ち上げます。

⑦ 右の結びを左手で持ち、その下に、右手を通し、左の結びを持ちます。

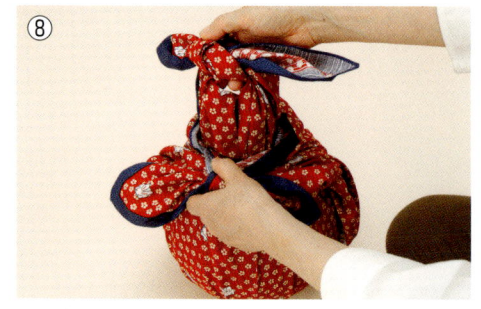

⑧ 右の結びの下から、左の結びを引っぱり出すと、持ち手になります。すいか包みの完成です。

6 びん

ガラスでできたびん。持ち運ぶとき、われないかと心配です。びんを風呂敷でくるくる巻いて保護しながら、持ち運びましょう。びんはしょうゆやお酒の容器として、長い間活躍してきました。包むたびに、昔の人の創意が伝わってきます。

用いた風呂敷
75cm幅・綿100％　びん　ワインハーフボトル
700～900mlのびんは90cm幅、一升びんは105cm幅で包みましょう。

① 風呂敷は表を下に、裏を上にして、ひし形に広げます。まん中にびんを2本おきます。

② びんを持ち、左右に寝かせます。

③ びんの底は、約8cm（握りこぶしくらい）あけます。

④ 下の布先を持ち、びんにかぶせます。

⑤ びんを上に向かってコロコロころがします。

⑥ 布先が手前にくるところまで、ころがします。

⑦ 左右のびんの首あたりを持ち、びんを立てます。

⑧ 上で真結びをしたら、完成です。

風呂敷で遊ぼう

タテにもヨコにもつないで屋外でゆらゆら

床や地面に風呂敷をタテヨコにおき、つないでいきます。ヨコ一列に並んで持ち、屋外に出たら、ゆらゆらとゆらしてみましょう。風をはらんだ風呂敷が、帆のようにゆれます。

さあ、ひとりひとり風呂敷を手に持って、みんなといっしょにタテにヨコに、つないでみましょう。となりの人同士、一枚一枚ちがう風呂敷をつなげると、心もつながります。

2002年5月名古屋 第61回ふろしきトークにて

タテヨコにつないだ風呂敷を、上下に動かすと、風をふくんでバルーンのようです。

タテヨコにつないだ風呂敷を、ジャングルジムの上からたらしてみました。色とりどりの幕(まく)のようです。

輪(わ)になって

大勢(おおぜい)でも、4人くらいでも、ひとり一枚風呂敷を持ったら輪になって、風呂敷の角(かど)を結(むす)びましょう。上下に風呂敷を動かしたり、歌いながらぐるぐる回ったり。風呂敷だけでなく、みんなの気持ちもつながっていくようです。

2005年11月 京都市宕陰小中学校にて

25

風呂敷の素材

しなやかな布、ハリのある布など、風呂敷には、いろいろな種類の布が用いられています。用途や目的に合わせて、使いわけましょう。

綿
じょうぶで、家庭で洗たくもできるので、幅広く使えます。上は、表面にフシのある紬風に織られた綿。下は、なめらかな表面をしています。

綿花を原料とする植物性天然繊維。

絹
絹は、おもに贈りものの包みとして用いられます。上は、表面にシボという凹凸のあるちりめん。下は、表面にフシを持つ紬。

蚕がはき出してできた繭を原料にした動物性天然繊維。

ポリエステル
手軽で扱いやすい化学繊維です。上は、ヨコ糸によりをかけて織ったちりめん。下は、おもむきのある紬調。

石油を原料とする化学繊維。生分解しない。

トウモロコシ
トウモロコシから生まれたポリ乳酸による生分解性繊維。石油資源の節約、二酸化炭素排出を抑制するといわれますが、強度などの課題もあり、今は製造中止に。

植物から取り出したでんぷんを原料とする生分解性繊維。

ペットボトル
飲料容器として使用されたペットボトルが、くだかれ、溶かされ、繊維として生まれ変わります。上は、ちりめん。下は、紬調。

石油由来のペットボトルを、リサイクルし、資源活用した化学繊維。

レーヨン
光沢があり、発色がよいのが特徴です。ちりめんの風呂敷に多く用いられます。水にぬれると縮むので注意。

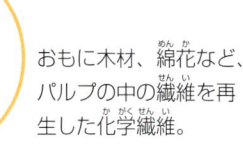

紙チップ
木材チップ

おもに木材、綿花など、パルプの中の繊維を再生した化学繊維。

風呂敷の寸法

お弁当箱が包める小さなものから、布団が包める大きなものまで、風呂敷にはいろいろなサイズがあります。左右の長さを幅と呼び、34cm（一幅）を基本としています。

- 45cm幅
- 50cm幅
- 68cm幅
- 75cm幅
- 90cm幅
- 105cm幅
- 130cm幅
- 175cm幅
- 200cm幅
- 230cm幅

※幅表記は目安で、実際の寸法とは異なります。用途は基本的なものを表記しています。
※横のサイズを表す幅に対し、長さは少し長くなっているものが多くあります。

45cm幅（中幅）	小風呂敷として、のし袋などを包む
50cm幅（尺三幅）	お弁当箱を包む、帽子やポーチに使う
68cm幅（二幅）	贈り物の品を包む
75cm幅（二尺幅）	贈り物の品を包む
90cm幅（二四幅）	袋物、一升びん1本、ワインびん2本
105cm幅（三幅）	袋物、テーブルクロスなど
130cm幅（四幅）	袋物、座布団2枚を包む
175cm幅（五幅）	座布団5枚、ソファカバーなど
200cm幅（六幅）	布団1組、敷物（畳2畳）
230cm幅（七幅）	布団、家具など

風呂敷の歴史

古い資料の中の風呂敷

奈良時代からあった

　風呂敷の歴史は古く、現存するものをたどれば、8世紀、つまり奈良時代にさかのぼります。奈良の正倉院という重要な物品を保存する倉には、僧侶の袈裟や楽人の衣裳を包んだ布が残されています。これらは貴重な物の収納に用いられ、「裹み」とか「平包み」と呼ばれていました。

　平安時代の資料『扇面古写経下絵』（1188年四天王寺の奉納）には平包みが描写されています。平安末期『満佐須計装束抄』（1184年源雅亮）では、包み布を「平包み」と呼んでいます。14世紀中期の『石山寺縁起』には、箱状の物を包み、運ぶお供の様子がかかれています。古文書には平包みの他、『古路毛都々美』の名が見られ、四角形の布がくらしに用いられていたことがうかがえます。

　平包みなどと呼ばれた布と風呂との関わりが出てくるのは、室町時代。三代将軍足利義満が、都に建てた大湯殿で全国から来た武将たちをもてなした折、おのおのが家紋入りの袱紗や平包みに脱いだ衣裳を包み、衣類を見分けしやすくしたことに始まると伝えられています。

　1574年織田信長が上杉謙信に贈ったとされる『洛中洛外図屏風』には平包みを頭にのせ、荷物を運搬する女性の姿が見受けられます。

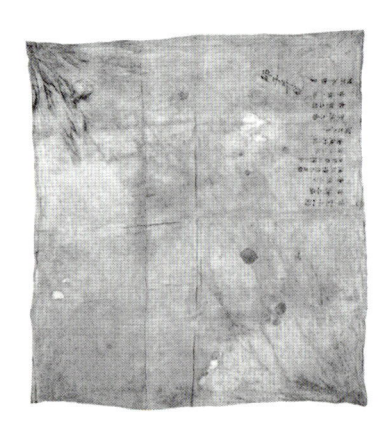

正倉院資料　正倉院事務所

※『世界大風呂敷展』図録
（熊倉功夫）より

『扇面古写経下絵複写』
神奈川大学日本常民文化研究所蔵

『石山寺縁起複写』
神奈川大学日本常民文化研究所蔵

狩野永徳『上杉本洛中洛外図屏風』（左隻4扇部分）米沢市上杉博物館蔵

風呂敷はこうして風呂敷になった

江戸時代に花開く風呂敷

　風呂敷と呼ばれるようになったのは、江戸時代（1693－1868）中期。江戸に普及した風呂屋からこの呼び名が広がります。『南嶺遺稿』（1757年多田義俊）に「風呂敷というものは、元湯上がりに敷くもの故、風呂敷という」との一文があります。また、「この奴僕の持ち物いわゆる風呂敷なり。当時は風呂の敷物なり。物を包む料となりても風呂の名目残れり」と、『骨董集』（1808年山東京伝）に記されています。

　風呂敷はこの頃、風呂を飛び出し、風呂以外で使われるようにな

「嫁入り風呂敷」の習慣

出雲地方には今も受け継がれて

　風呂敷の歴史上で特筆したいのは、婚礼との係わりです。江戸時代、武家や富裕な商家では、婚礼が決まると、花嫁の親が家紋や吉祥文様を染めた「嫁入り風呂敷」を大中小と寸法を違えて揃えました。この習慣が、明治時代、庶民に広がります。紺屋と呼ばれる藍染め職人が全国至る所に存在し、「嫁入り風呂敷」を染めていました。

　嫁いだ嫁は、その風呂敷を収納に、運搬に、また寸法の小さな風呂敷は贈り物を包むためにも用いました。「嫁入り風呂敷」は、この他にも多用途に用いられ、くたびれたら刺し子などを施して強度を加え、ほころびたら継ぎをあてて使われました。また、藍染めは殺菌効果があるため、赤ちゃんのおむつにもなり、最後には雑巾としてボロボロになるまで使われたと伝えられています。

　太平洋戦争後、アメリカ文化に影響を受けるなど、日本本来の生活や価値観が急速に変化する中で「嫁入り風呂敷」も減少していきますが、出雲地方には今でも「嫁入り風呂敷」の伝統が受け継がれています。

屋号入りの風呂敷包み

喜多川歌麿『娘日時計　午の刻』
東京国立博物館蔵

渓斎英泉『戸田川の渡し』国立国会図書館蔵

り、庶民のくらしに浸透していきます。世の中が安定し、行商が盛んになり、風呂敷は品物を運ぶ役割を担うようになります。屋号や商標を染め、宣伝係をはたす風呂敷も現れました。ある上方商人が江戸に進出したとき、風呂敷に屋号を染め、運搬に用いました。これが評判になり、江戸での商売を成功させたと言われています。

　また、庶民の間に旅が流行し、旅の荷物の運搬に風呂敷は欠かせないものとして活躍します。

　その頃、海外からの輸入に頼っていた木綿の生産が日本で本格化し、風呂敷の広がりを後押しします。三河、河内、伊勢など木綿の産地が生まれ、次つぎと江戸に送り込んだといいます。

刺し子風呂敷

のし目文様の嫁入り風呂敷
（明治期）

昭和後期、影を潜める風呂敷

買い物も贈り物も様式が変化して

　明治時代（1900年頃）になると、自動織機など海外から繊維に関わる技術が導入され、工業生産が進み、布の種類も豊富になり、風呂敷はいっそう普及します。

　明治以降、大正・昭和と、風呂敷は衣類などの収納に、運搬に、くらしに欠かせない用具として定着していました。昭和40年代、1970年頃まで日本での一般的な運搬用具であり、洋服を着て風呂敷に荷物を包み、運ぶ姿が街に見かけられたのです。

　ナイロン風呂敷は、婚礼の披露宴の引き出物を包むために大量生産され、1970年代中頃には年間6千枚も出回りました。

　ところが1970年代にスーパーマーケットが各地に出現し、紙袋やプラスチック製レジ袋の普及とともに、風呂敷は急速に影を潜めていきます。

　収納道具としての風呂敷も同様にプラスチック系のボックスなどに取って替わられます。

菊池契月「夕至」1918年
京都国立近代美術館蔵

ビゴー素描コレクション1
明治の風俗　岩波書店
『日本人の生活ユーモア画集
女中の一日』明治32年刊

贈り物の習慣の中で

役割を果たす風呂敷

　風呂敷は、家と家との間の贈り物にも用いられてきました。婚礼、出産などお祝い事、中元、歳暮……。品物に慶賀や敬愛の印となるのし紙をかけ、風呂敷に包んで持参し、相手のお宅に着くと、相手の前で口上を述べ、風呂敷をほどき、品物を差し出すのが習慣となっていました。今では、贈り物は百貨店などから託送するのが一般的となり、贈り物を風呂敷に包んで持参し、手渡す習慣は減少傾向をたどりました。

　お祝い事などの場面では、印染め風呂敷が用いられてきました。江戸時代までは武家だけに許されていた家紋ですが、明治時代、庶民に苗字が義務づけられ、礼服となる羽織に家紋をつけるのが一般化し、風呂敷にも染められるようになり、贈答の場面で活用されたのです。

1970年代に大量生産された、ナイロン風呂敷

伊藤快彦『宮参り』1899年　宮城県美術館蔵

風呂敷包みを肩に背負う青年。
（撮影：竹村昭彦／1976年）

披露宴帰りの風景。折り詰めや引き出物は、ナイロン風呂敷に包まれた
（撮影：竹村昭彦／1973年）

広がりゆく風呂敷の活用

環境保全からも風呂敷が見直され

　1970年頃から、日本は高度経済成長の道を進み、大量生産・大量消費・大量廃棄という社会システムの下で、使い捨てのライフスタイルが定着します。ところがバブル経済がはじけた1990年頃から、使い捨てのライフスタイルが見直され、風呂敷はふたたび脚光を浴びるようになります。日本古来のくらしの布である風呂敷は、何度もくり返し使え、ごみを出しません。風呂敷の活用は、地球環境保全にもつながるもの、エコライフをかなえるものとして、その価値が認められたのです。風呂敷の種類も増え、現代的な図柄も数多く生産されています。

　長い歴史の中で日本のくらしの文化に根づいてきた風呂敷には、もったいないという日本のくらしの基本が息づいています。風呂敷に象徴されるくらしの文化を次世代に伝えたいと、ふろしき研究会は1992年発足以来、さまざまな活動を通して、現代の生活の中での活用を提案してきました。

　風呂敷特有の伝統の枠を離れ、現代のくらしの布と位置づけ、いろいろな包み方や使い方を考案し、ご紹介してきました。たとえば、買い物のエコバッグとして。たとえば、過剰包装を避け、贈り物を包むギフトラッピングとして。そしてインテリアへの活用もおすすめしたいものです。包むだけでなく、敷く、かけるという機能を活用するだけで用途は広がります。

　風呂敷は日本の伝統を代表する布ですが、現代のくらしの布としてとらえなおすと、その魅力はつきません。風呂敷をくらしに使い、活用することで、風呂敷という日本の伝統の布は次世代に受け継がれることでしょう。

現代的な風呂敷（制作：浅山美里）

現代的な包み

あとがき

子どもたちに風呂敷の魅力を伝えたい……。風呂敷を途絶えさせたくないから……。長い間、そんな願いを胸に抱いてきました。思いが届いたのか、近ごろ、子どもたちに風呂敷を紹介する機会が増えてきました。そして、いくども子どもたちの笑顔に出会いました。はしゃぐ声を耳にしました。風呂敷を一緒に結んだり、包んだりしたときの子どもたちの表情。そこぬけに明るい表情に希望を感じています。風呂敷も、むかしむかしから日本に伝わる文化も、きっと、未来に受け継がれてゆくと。

今回『風呂敷』の発刊の機会をいただいて、あらためて風呂敷について見直しました。ふろしき研究会という市民団体をとおして見てきたこと、探ってきたこと。十数年の積み重ねをまとめることができました。風呂敷って、ふしぎな布ですね。風呂敷のおかげで多くの方と出会い、包みきれないほどのものを授かりました。風呂敷や風呂敷が出会わせてくれた人々に、心からありがとう。

ふろしき研究会代表　**森田知都子**（もりたちづこ）

1947年京都府生まれ。69年立命館大学文学部を卒業。コピーライター時代に風呂敷に興味をもち、92年5月「ふろしき研究会」を発足させる。以来、「現代生活に活かすふろしき」をテーマに伝統の枠をこえ、新たな視点から風呂敷の使いかたを提案している。会発足当初より、地球環境問題にも取り組み、全国各地の自治体主催による環境イベントや消費生活セミナー、社会教育講座などに招かれ、今の暮らしに活かす風呂敷の包みかたを提案、指導したり、ごみ減量対策のテーマで講演する機会も多い。また、京都を訪れる修学旅行生に「暮らしと環境」をテーマにした体験学習教室を開いたり、全国の学校から招かれて風呂敷を使った「環境教育」も行っている。

ふろしき研究会：http://homepage3.nifty.com/furoshiki/

撮影 ………… 山形秀一
装丁・デザイン ……… DOMDOM
編集協力 ………… 広瀬　薫
イラスト ………… 川壁裕子
撮影モデル ……… 浅田裕弥、岡林育子、岡林葉那、岡林弥弥、後藤智晶、松尾桂三
撮影協力・写真提供 …… 浅野秀美、浅山美里、李相祚、石垣昭子、織本知英子、熊倉功夫、高木宏子、竹田耕三、竹村昭彦、豊田満夫、上羽機業株式会社、朝倉染布株式会社、岩波書店、臼井織布、宇宙航空研究開発機構（JAXA）、神奈川大学日本常民文化研究所、環境省、京都市立宅陰小中学校、京都国立近代美術館、国立国会図書館、国立民族学博物館、正倉院、染織 京楽布、千里文化財団、東京国立博物館、福知山市丹波生活衣館、丸和商業株式会社、美濃部株式会社、宮井株式会社、宮城県美術館、山藤織物工場、有限会社京都掛札、米沢市上杉博物館（敬称略）

■資料図版
P28の左の写真は、『世界大風呂敷展図録』中、「世界の風呂敷」（熊倉功夫・筆）より（作品の所蔵先は、正倉院事務所）

■参考資料
・『世界大風呂敷展図録』 国立民族学博物館
・『包む』額田巌著、法政大学出版
・『風呂敷』竹村昭彦著、日貿出版社
・『風呂敷』三瓶清子著、清粋会

風呂敷 FUROSHIKI

2008年4月　初版第1刷発行
2014年9月　　　第3刷発行

監修 ………… ふろしき研究会
文 ………… 森田知都子
発行者 ………… 川元行雄
発行所 ………… 株式会社**文溪堂**
　　〒112-8635
　　東京都文京区大塚3-16-12
　　TEL：編集 03-5976-1511
　　　　　営業 03-5976-1518
　　ホームページ：http://www.bunkei.co.jp
印刷 ………… 凸版印刷株式会社
製本 ………… 小髙製本工業株式会社
ISBN978-4-89423-559-5 ／NDC798／32P／257mm×235mm

© Furoshiki Study Group & Chizuko Morita
2008 published by BUNKEIDO Co., Ltd. Tokyo, Japan
PRINTED IN JAPAN

落丁本・乱丁本は送料小社負担でおとりかえいたします。
定価はカバーに表示してあります。